U0188944

DK动物
宝宝小百科

英国DK出版社　著

郑安妍　译

王传齐　审订

科学普及出版社

·北京·

Original Title: Animal Babies (Special)
Copyright © Dorling Kindersley Limited, 2010, 2022
A Penguin Random House Company
本书中文版由Dorling Kindersley Limited
授权科学普及出版社出版，未经出版社允许
不得以任何方式抄袭、复制或节录任何部分。

图书在版编目（ＣＩＰ）数据

DK动物宝宝小百科 / 英国DK出版社著 ； 郑安妍译
. — 北京 ：科学普及出版社，2023.10
书名原文：Animal Babies (Special)
ISBN 978-7-110-10555-9

Ⅰ. ①D… Ⅱ. ①英… ②郑… Ⅲ. ①动物—儿童读物
Ⅳ. ①Q95-49

中国国家版本馆CIP数据核字（2023）第036936号

策划编辑　邓　文
责任编辑　梁军霞
图书装帧　金彩恒通
责任校对　邓雪梅
责任印制　徐　飞

科学普及出版社出版
北京市海淀区中关村南大街16号　邮政编码：100081
电话：010-62173865　传真：010-62173081
http://www.cspbooks.com.cn
中国科学技术出版社有限公司发行部发行
嘉兴市海鸥纸品有限公司印刷
开本：889毫米×1194毫米　1/16　印张：4　字数：80千字
2023年10月第1版　2023年10月第1次印刷
ISBN 978-7-110-10555-9/Q • 284
印数：1—8000册　定价：49.80元

（凡购买本社图书，如有缺页、倒页、
脱页者，本社发行部负责调换）

www.dk.com

与我们一起
去认识更多可爱
的动物宝宝吧！

目录

亮眼的宝宝

　　成年银叶猴是灰色的，但它们的宝宝却是亮橘色的。我们不确定为什么银叶猴宝宝是亮橘色的，也许是为了让它们的爸爸妈妈很容易发现它们，又或者是为了让其他猴子知道族群里有了新成员。

这是我妈妈，它会喂我喝奶。等我再长大一些，我就可以吃一些新鲜的树叶和水果了。

银叶猴是群居动物，通常由一只雄性银叶猴带领 10～50 只雌性银叶猴和猴宝宝生活在一起，雄性银叶猴是这个群体的首领。所有的雌性银叶猴都会帮助照看猴宝宝。

成长

银叶猴宝宝从亮橘色变成灰色，需要三到五个月的时间。头、手和脚的颜色最先"变色"。当银叶猴宝宝长到四岁的时候，它就可以繁育自己的宝宝了。

银叶猴大部分时间都待在树上。当夜幕降临时，它们会在同一棵树上进入梦乡。所有的猴宝宝都会在妈妈温暖的臂弯中入睡。

幸福的一家

信天翁一旦认定伴侣，便会终身相依，不离不弃。信天翁妈妈每次只产一枚蛋，信天翁夫妻会轮流伏在蛋上进行孵化。信天翁宝宝破壳而出后，信天翁夫妻会一起照顾信天翁宝宝，直到它可以独立飞行。

大多数信天翁都会群居营巢。所有的巢穴看起来都很像——它们都是由草、泥、海藻和粪便组成的高丘。

信天翁一生会在海上飞行或在海浪上漂浮数百万千米。到了繁殖期，信天翁就会飞回它们出生的岩石岛。

信天翁喜欢吃小型的鱼类、乌贼和甲壳类动物。有时它们会跟着船只，把船员扔到船外的废弃渔获带回家。信天翁夫妻都会出去觅食，然后回到信天翁宝宝身边喂养它。

7

安全的旅程

尼罗鳄妈妈会在河岸边挖洞筑巢。它会在那里产下大约 50 枚蛋，并耐心守护着，确保它们的安全。

刚孵化出来的幼鳄大约 30 厘米长。它们会有大约两年的时间与鳄鱼妈妈生活在一起。

我的宝宝快要孵化出来时会发出"啾啾"的声音，我会帮助它们破壳，然后把它们带进水里。

让我出去!

　　鳄鱼的蛋壳非常坚硬。当小鳄鱼难以破壳而出时,鳄鱼妈妈会通过在舌头和上颚之间滚动鳄鱼蛋的方式使其裂开。

闪电般的 "斑点"

　　猎豹是陆地上奔跑速度最快的动物——它们的奔跑速度与高速公路上的汽车一样快！它们有像豹子一样的斑点，但它们体形更小，尾巴更短。

　　猎豹宝宝喜欢在一起"打架"。当它们几个月大的时候，猎豹妈妈会带着它们学习如何真正地捕猎。

我妈妈通常一次养三到五只猎豹宝宝——它照看我们直到一岁左右，然后我们就能独立生活了。

你能看到我吗?

当猎豹宝宝出生时，它的背上长有长长的毛，这有助于它躲在高草丛中。当猎豹宝宝大约三个月大时，长毛开始慢慢消失，到它成年后，长毛就没有了。

猎豹妈妈必须保护它们的孩子不受饥饿的狮子和鬣狗的伤害。当猎豹宝宝长到五个月大时，它们就能跑得比所有的敌人都快啦!

流浪的驼鹿

驼鹿生活在湖泊和沼泽附近的森林中。它们喜欢潮湿的地方，以水生植物、草、地衣和树皮为食。

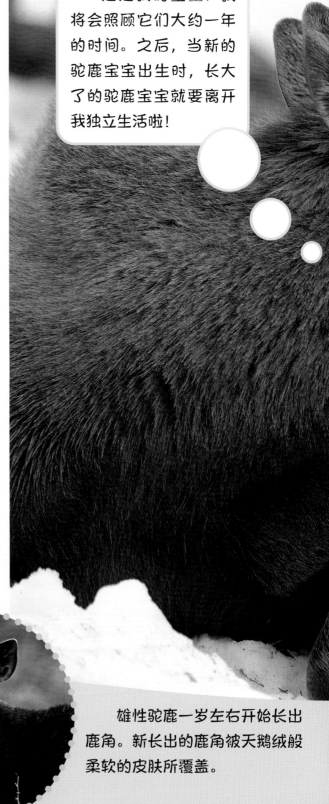

这是我的宝宝！我将会照顾它们大约一年的时间。之后，当新的驼鹿宝宝出生时，长大了的驼鹿宝宝就要离开我独立生活啦！

雄性特征

只有雄性的驼鹿有鹿角——它们用鹿角来争夺领地和配偶。鹿角会在冬季脱落，春季再长出来。

雄性驼鹿一岁左右开始长出鹿角。新长出的鹿角被天鹅绒般柔软的皮肤所覆盖。

小驼鹿在约两周大的时候就学会游泳了。有时，为了躲避讨厌的苍蝇，驼鹿会完全潜入水中。

飞溅的水花

海豚生活在水中，但它们像我们一样呼吸空气。与我们不同的是，它们的"鼻孔"在头顶上。海豚宝宝在水下出生，并且刚出生就会游泳。

海豚妈妈帮助刚出生的海豚宝宝游到水面上呼吸。

海豚的腹部颜色浅，背部颜色深。这是很好的保护色——在昏暗水域或阳光下，捕食者很难看到它们。

咔嗒！咔嗒！

　　为了在混浊的水中找到方向，海豚会发出"咔嗒"的声音。它们通过感知回声来判断附近的环境，这就是回声定位。

等等我

　　当鸭妈妈在水边找到一个安全的地方时，它会用树叶和草做一个窝，然后从它的胸前拔下柔软的羽毛去铺窝。当鸭妈妈下完蛋后，它会伏在蛋上面大约一个月的时间，直到鸭宝宝出生。

我的宝宝孵化后一天左右，我就会带它们去水边。它们要一直待在我的身边，这样我才能保证它们的安全，并能在寒夜中为它们保暖。

鸭宝宝的"衣服"

　　小鸭子刚孵化出来时身上覆盖着绒羽——柔软而细密的绒毛，上面是棕色，下面是黄色，但它们直到几周大才长出羽毛。小鸭子一孵出来就能游泳，还能潜水觅食。

优雅地戏水

日本猕猴生活在天然温泉附近。冰雪天气时，它们会在温泉中取暖。

猕猴妈妈一次只生一只宝宝。它们用母乳喂养，直到宝宝两岁。猕猴宝宝会一直和妈妈待在一起，即使妈妈在此期间又生了另一只宝宝。

来吧，跳进水里吧——

成年猕猴共同分担照看猕猴宝宝的任务。在寒冷的天气，小家伙会蜷缩在成年猕猴温暖的怀抱中。

爱干净的猕猴

猕猴是群居动物，一个群体由数十只或上百只猕猴组成。它们互相梳理毛发以保持身体清洁。梳理毛发也是猴子结交新朋友的一个好方法。

我泡完澡后，就可以吃点东西了。我最喜欢的食物是水果、种子、花、昆虫和鸟蛋。

泡温泉很舒服哦！

我不是秃头

白头海雕（又名秃头雕）并不是真正的秃头——头部苍白色的羽毛让它们看起来好像没有"头发"。海雕爸爸和海雕妈妈会筑一个直径与成年人身高相同的巨大鸟巢。它们可以在一个巢穴里生活长达 20 年之久。

海雕妈妈一次通常产两枚蛋。海雕妈妈和海雕爸爸轮流伏在蛋上直到它们的宝宝破壳而出。

在五周或六周大之前，我都是灰色的，之后我开始长出黑色的羽毛。但我直到五六岁成年后，才能长出所有成鸟的羽毛。

海雕妈妈在海雕宝宝刚出生时总是待在宝宝身边。当海雕宝宝长到约 20 周大的时候，它们就可以照顾自己了。

海雕妈妈和海雕爸爸会拍打着大翅膀为宝宝送去食物——鱼、水鸟、小型哺乳动物和爬行动物。

幼崽的生活

　　大多数鬣狗生活在大型家庭群体中。鬣狗群的首领通常是雌性鬣狗。鬣狗喜欢吃肉——它们猎杀猎物或吃动物尸体。

这就是我妈妈，它又在舔我了！它照顾着我和我的兄弟姐妹。它会给我们喂奶，直到我们一岁，甚至更久。有时它也会给我们带肉吃。

斑鬣狗会发出"咯咯"的"笑声"——

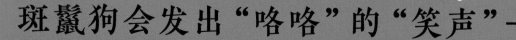

甜蜜的家

鬣狗幼崽生活在一个小的土洞里。它们由群体中的成年鬣狗照顾。

它们又被称为"微笑鬣狗"。

在一起

负鼠是有袋动物，负鼠妈妈将宝宝放在肚子上的育儿袋中喂养。负鼠宝宝只能吃奶，但成年负鼠可以吃任何东西，从植物、哺乳动物到鸟类、蛇、昆虫，甚至垃圾。

我最多会有13只宝宝——当宝宝出生时，可以将它们一起装进育儿袋中。等它们再长大一点，我会把其中几只负鼠宝宝背在身上。

负鼠非常聪明——

独居

负鼠妈妈会用育儿袋抚养负鼠宝宝 10 周左右。之后，负鼠宝宝会离开妈妈，但刚开始的几周还是会回到育儿袋吃点"点心"。

有天赋的尾巴

负鼠的尾巴很神奇——负鼠宝宝可以用尾巴钩住树枝荡秋千，但成年负鼠太重了，所以它们用尾巴来保持平衡。

它们甚至比狗还聪明。

大鸟

　　鸵鸟是世界上最大、最重的鸟。虽然它们不能飞，但它们跑得非常快。鸵鸟生活在非洲，虽然那里很热，但它们也可以几个月不需要喝水——它们可以从食物（植物和昆虫）中获得身体所需要的水分。

在我周岁前，我的妈妈和爸爸会照顾我，告诉我哪些东西能吃。

小鸵鸟大约需要45天才能孵化出来。

快要孵化出来时，小鸵鸟会大声叫，这样它的爸爸妈妈就会识别出它的声音。

鸵鸟蛋是所有鸟蛋中最大的，

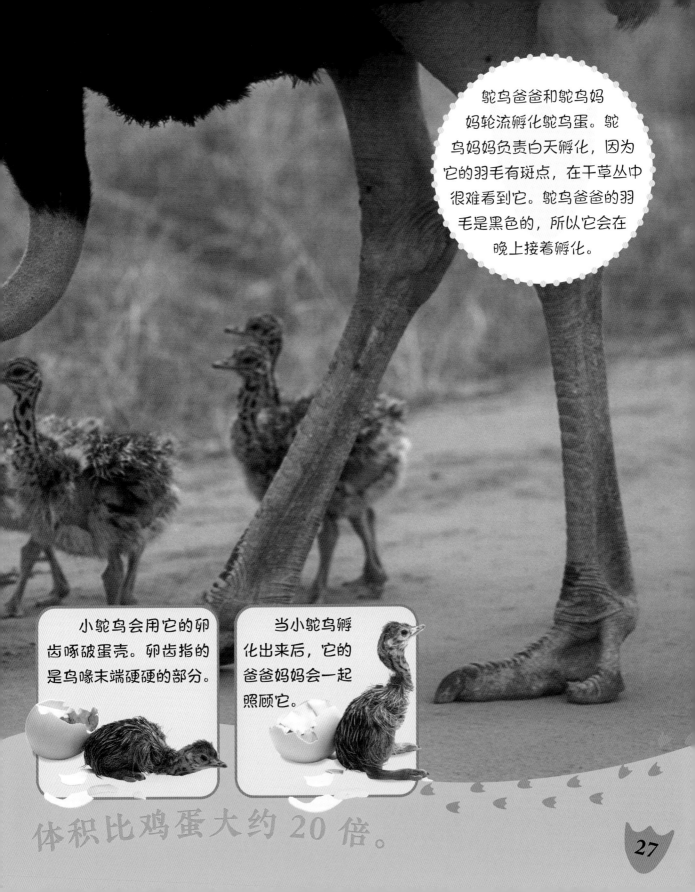

鸵鸟爸爸和鸵鸟妈妈轮流孵化鸵鸟蛋。鸵鸟妈妈负责白天孵化，因为它的羽毛有斑点，在干草丛中很难看到它。鸵鸟爸爸的羽毛是黑色的，所以它会在晚上接着孵化。

小鸵鸟会用它的卵齿啄破蛋壳。卵齿指的是鸟喙末端硬硬的部分。

当小鸵鸟孵化出来后，它的爸爸妈妈会一起照顾它。

体积比鸡蛋大约 20 倍。

酷酷的幼崽

北极熊是世界上最大的陆地食肉动物。通常情况下，北极熊妈妈一次可以生下两只北极熊宝宝，偶尔也会生下一只或三只。北极熊宝宝在两岁或三岁之前，都会和妈妈生活在一起。

北极熊白色皮毛下有一层厚厚的脂肪。当北极熊感到很热时，它们会在雪地里打滚儿来降温。

北极熊妈妈会在雪洞里生宝宝。刚出生的北极熊宝宝还没有妈妈的一只熊掌大。北极熊宝宝和妈妈会留在雪洞里直到宝宝大约三个月大。

北极熊宝宝通过玩耍和探索来了解这个世界——就像你一样！

粉红佳人

大多数火烈鸟生活在气候温暖的地方，通常靠水而居。它们的羽毛呈鲜艳的粉红色，这和它们吃的食物——藻类和甲壳类等生物中含有的虾青素有关。

我妈妈和爸爸都会分泌一种"乳汁"，我可以喝两个月左右。

火烈鸟是群居动物，它们会搭建浅浅的泥巢。火烈鸟妈妈通常一次只产一枚蛋，大约 30 天孵化出火烈鸟宝宝。

火烈鸟宝宝的喙是直的——大约一年后，

冰冷的脚

火烈鸟经常用一条腿站着，甚至以这个姿势睡觉。科学家认为，它们这样做是为了在水中站立时不会太冷。

在出生后的一到两年间，火烈鸟宝宝都是灰色的。它们在出生两个月后就可以照顾自己。

它们的喙开始弯曲。

重量级动物

犀牛是食草动物，但是，它们又大又重。犀牛通常性情温和，但如果受到惊吓，它们也会很凶猛。

因为犀牛的视力不是很好，所以它们可能会把一棵树错认为是敌人，从而冲向它。

犀牛生活在炎热的草原或森林中。它们会在阴凉处或站在水中保持身体凉爽。

沙浴

犀牛通过在沙土中打滚儿来保护它们厚实的皮肤。沙土可以把它们的皮肤包裹起来，防止蚊虫叮咬和被阳光晒伤。

你好！我妈妈会照顾我大约三年的时间。到那时，我就差不多和它一样大了。

犀牛妈妈一次只生

犀牛有一只或两只角。犀牛妈妈用这些角来保护它们的宝宝不受狮子、老虎和鬣狗的伤害。

一只犀牛宝宝。

小小的我

海獭是海洋哺乳动物，长着浓密的绒毛。它们喜欢在浅海中仰面漂浮，甚至以这个姿势睡觉。有时它们会把海草缠在身上，防止自己被海浪冲走。

我浓密的毛有两层——下面是厚厚的绒毛，上面是长长的纤毛。两层毛之间的空气可以让我保持温暖，并帮助我在海面上漂浮。

妈妈抱着我

海獭妈妈一次只生一只海獭宝宝，宝宝出生时就有浓密的绒毛。海獭妈妈的前爪内侧有粗糙的肉垫，这样它就可以牢牢抓住东西——比如它的宝宝！

刚出生的海獭宝宝就已经有牙齿了。

海獭宝宝在大约四个月大时就可以吃固体食物，并且已经学会了游泳。在它们六个月大时，就会离开妈妈独自去探索海洋。

我来了

老虎是体形最大的猫科动物。它们是食肉动物，可以捕食大型猎物，比如鹿、水牛和野猪。老虎喜欢游泳，喜欢靠水而居。

边玩边学

老虎从小就喜欢打架和捕猎，在它们一岁时，就学会捕猎了。

捕猎时，我更多地依赖眼睛和耳朵，而不是嗅觉。我的爪子很软，底部有厚厚的肉垫，所以我可以在捕猎前先悄悄地靠近猎物。

虎妈妈一次会生两到四只虎宝宝，虎宝宝一出生身上就带有黑色的条纹。虎宝宝一般会和虎妈妈一起生活两年。

刚出生的虎宝宝眼睛未睁开，是看不见的，所以虎妈妈必须时刻照顾它们。像所有的猫科动物一样，虎妈妈会小心翼翼地用嘴叼着虎宝宝。

我很孤独

　　乌龟妈妈一次最多产 30 枚蛋，然后它们的生育和养育"工作"就完成了。每只宝宝都在自己的蛋壳里成长。当乌龟宝宝刚孵化出来的时候，它就已经有了一个坚硬的外壳和一个卵黄囊，卵黄囊中有足够的营养帮助刚出生的乌龟宝宝维持几天生命。在那之后，它就要靠自己了。

这个宝宝的寿命可能会很长——乌龟是地球上最长寿的动物之一。有的乌龟甚至可以活到150岁或更长的时间！

你好，世界！

我马上来……

我出来了！

　　小乌龟需要几个小时才能破壳而出。乌龟妈妈通常把蛋产在沙洞里。小乌龟在蛋壳里生长发育所需的时间长短，以及它们的性别，随沙子的冷热程度而变化。

39

海豹和海狮的一些事

　　海豹主要生活在海里。它们可以在水中优雅地"滑行"，但在陆地上时却显得非常笨拙。海豹属于鳍足目，四肢呈鳍状。

南极毛皮海狮（又名南极海狗）生活在南极附近。海狮宝宝出生后的前四个月主要靠吃妈妈的乳汁长大。

有些海豹宝宝刚出生时

在海洋馆中进行表演的通常是海狮，海狮非常聪明。海狮宝宝两个月大时，就已经学会如何游泳，如何与妈妈一起捕猎了。

我是一只象海豹。我每次只生一只宝宝，所以它能得到我全部的爱。

我的名字是什么？

象海豹体形庞大——这就是我们叫象海豹的原因之一。成年的雄性象海豹比雌性象海豹大两到三倍。

看起来很黑。

最棒的大家庭

　　大象是陆地上最大的哺乳动物。它们是以家庭为单位的群居动物，大象妈妈通常是象群首领，象群成员会一起教导和保护小象。

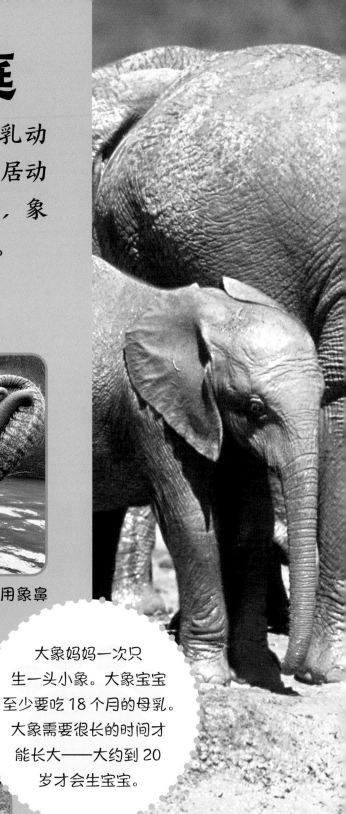

小象正在学习如何使用它们的鼻子——用象鼻来抓取食物、吸水，或拥抱朋友。

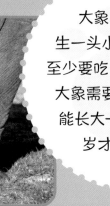

大象妈妈一次只生一头小象。大象宝宝至少要吃 18 个月的母乳。大象需要很长的时间才能长大——大约到 20 岁才会生宝宝。

太好了——这泥浆能让你降温。如果你又感觉热了，试着拍打你的耳朵——这也会帮你降温。

爬树对小棕熊来说很容易，但成年棕熊通常待在地面上，因为成年棕熊的手掌太长，攀爬起来比较困难。

建造洞穴

当天气变冷时，雌性棕熊会找一个隐蔽的地方做窝，比如在岩石或树下挖出一个洞穴，并在这里冬眠。棕熊妈妈一次最多可以生下四只棕熊宝宝。

棕熊宝宝会和它们的妈妈一起生活三年或更长的时间。妈妈教会它们寻找食物、熟悉环境等生存本领。

雄性棕熊独自生活，

所以它们从未见过自己的宝宝。

活泼的猪

很久以前，所有的猪都是野生动物。几千年前，人类驯化了它们，现在大多数的猪都生活在农场里。

我的食物在哪里？

猪的嗅觉非常敏锐，可以帮助它们找到食物——这对于它们而言非常重要，因为它们的视力很弱。

猪妈妈一次可以生
8 ~ 12 只猪宝宝，有
时甚至更多！有些猪是粉
红色的，有些是黑色的，
有些是棕色的，还有
一些带有斑点。

猪其实并不胖，体脂率比人类还要低。

吃饭时间

猪宝宝在出生后的大约七周内只吃母乳，之后就可以吃各种食物了。

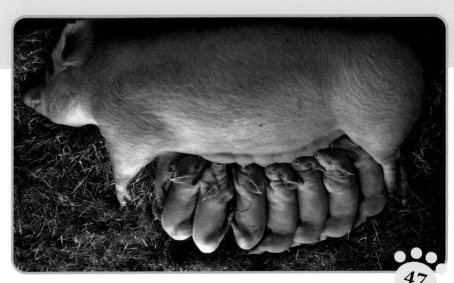

齐头并进

　　长颈鹿是世界上最高的哺乳动物，因为它们有着长长的脖子。长颈鹿宝宝出生几分钟后就能站立奔跑了。

新生的长颈鹿和成年男子一般高，而且几乎一样重。

成年长颈鹿的头上有像角一样的骨质结构，表面覆盖着皮肤和绒毛。长颈鹿宝宝的角小小的、软软的，但随着它们的成长，角也会变得越来越硬。

群体中的长颈鹿妈妈

当我还是小宝宝的时候，妈妈会把我带到一个远离长颈鹿群的隐蔽区域。但是，它从不会走远，而且会经常回来喂我。

会轮流照顾彼此的宝宝。

呜呜，呜呜

　　乌林鸮是世界上最大的猫头鹰之一。当它张开翅膀的时候，其宽度和你展开双臂的宽度差不多。

　　我是一只小乌林鸮。我的爸爸妈妈会一起照顾我。如果有野猫靠近，爸爸妈妈就会把它们赶走。

刚刚出生

乌林鸮妈妈一次最多产五枚蛋。它伏在蛋上，使它们保持温暖。刚孵化出来的乌林鸮宝宝身上覆盖着蓬松的绒羽。

乌林鸮生活在森林里。它们不筑巢——它们会住进其他鸟类不再使用的巢穴里。

小乌林鸮出生后的四周内会一直待在窝里。当它们掉落到地面时，爸爸妈妈会在那里保护它们。

开始行动

野牛是体形巨大的陆生食草动物。雌性野牛带着它们的宝宝生活在庞大的牛群中，牛群最多可达60头野牛，这可以很好地保护它们免受捕食者的威胁。雄性野牛则独自生活或在小一些的牛群中生活。

刚出生时，妈妈让我远离牛群中的其他成员。现在我们住在一起，但在我一岁之前，妈妈都会照顾我。

野牛通过在树干上摩擦来蹭掉身上的虱子等寄生虫。如果很多动物使用同一棵树摩擦的话，树皮就会被完全磨掉。

野牛宝宝刚出生时体色是淡淡的红褐色——直到三个月左右体色才会变为深色。

野牛吃什么？

野牛以草和树叶等为食。冬天，它们用蹄子把地上的积雪挖开，以获取雪下面的植物。

雄性和雌性野牛的肩部都有驼峰，头部都有角。野牛宝宝在出生两个月后也会长出驼峰和角。

珊瑚礁上的家

小丑鱼生活在珊瑚礁中，它们可以在海葵的触须中自由穿梭。小丑鱼妈妈在那里产卵——一条小丑鱼妈妈一次可以产卵 100~1000 枚。

我是爸爸。妈妈产完卵就会离开，然后由我来守护鱼卵，直到它们孵化成鱼苗。这个过程大约需要十天。

小丑鱼孵化出来后，爸爸就会离开。

当小丑鱼刚孵化出来时，它们都是雄性。后来，它们中一些强壮的个体会变成雌性，这样它们就可以产卵了。

照顾

当小丑鱼爸爸守护鱼卵时，它会用它的鳍扇动水流。这有助于鱼卵获得足够的氧气，并防止其他动植物附着在它们身上定居。

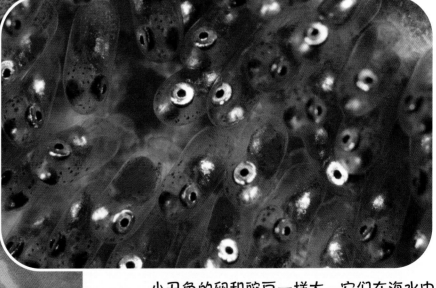

小丑鱼的卵和豌豆一样大。它们在海水中看起来像闪亮的橙色气泡。但随着卵的发育，橙色气泡会逐渐消失。

以后的日子小丑鱼必须靠自己生存。

我能看见你

狐獴是群居动物，每个群体可包含多达 40 只狐獴。它们在地下建造大型洞穴——用于睡觉、养育孩子和躲避捕食者等。在任何时候，都会有狐獴哨兵站岗，观察周围是否有危险。

我的宝宝在饿的时候会大声叫。叫得最大声的那只宝宝通常能得到最多的食物。

一只狐獴妈妈通常会养育三到四只宝宝。群体中的每只成年狐獴都会帮助狐獴妈妈照顾它的宝宝，直到它们满四个月大。

狐獴的皮毛为它们在夜间抵御寒冷，

狐獴眼睛周围的暗色皮毛可以遮挡强光。与人类不同的是，狐獴可以直视太阳——这对于发现从空中俯冲下来想要吃掉它们的鸟类非常有用。

甜蜜的家

狐獴的洞穴有几个圆形洞口。狐獴会用它们锋利的爪子挖掘泥土。它们在挖洞时会把耳朵闭上，以防泥土进入。

在炎热的阳光下又可以保持身体凉爽。

抓紧了

穿山甲是世界上唯一有鳞片的哺乳动物。穿山甲妈妈一次只生一只宝宝，并照顾它大约五个月的时间，不过穿山甲宝宝要过好几年才能成年。

我妈妈会一直背着我直到我大约三个月大。当我刚出生时，我的鳞片是软的，但几天后就慢慢变硬了。

穿山甲的长鼻子可以帮助它

我在里面很安全

　　穿山甲行动缓慢。当察觉到危险时，它们会蜷缩成球状，外面有坚硬、锋利的鳞甲覆盖。当穿山甲宝宝遇到危险时，它的妈妈会把它藏在自己的腹部，然后自己蜷缩成球状。

找到美味的昆虫。

跳下去吧

跳岩企鹅（又名凤头黄眉企鹅）生活在南极洲沿岸地区。企鹅是鸟类，但它们不会飞——跳岩企鹅擅长从一块石头跳到另一块石头上，这也正是它们名字的由来。

跳岩企鹅妈妈通常一次会产两枚蛋，企鹅爸爸和企鹅妈妈轮流孵化。在企鹅宝宝孵化后的前几周，企鹅妈妈会去寻找食物，而企鹅爸爸则负责守护企鹅宝宝。

我会和爸爸妈妈待在一起直到我两个月大，那时我的绒毛就消失了，长出了成年企鹅的羽毛，我也可以到水里去游泳了。

在一起

跳岩企鹅生活在巨大的群体中。所有的企鹅宝宝都待在一起，所以它们会很温暖、很安全。企鹅爸爸妈妈可以识别自己宝宝的叫声，因此它们很容易就能找到自己的宝宝。

成年跳岩企鹅头部的羽毛呈金黄色，看起来像浓密的眉毛。跳岩企鹅宝宝头部则覆盖着蓬松的灰色绒毛。

术语表

当你通过阅读本书学习有关动物的知识时，这些特殊词汇会帮助你更好地理解书中的内容。

保护色：某些动物身上特殊的颜色或花纹，与周围环境相似而不易被别的动物发觉。

本能：动物不学就会的本领。

哺乳动物：最高等的脊椎动物，基本特点是靠母体的乳腺分泌乳汁哺育初生幼体。除最低等的单孔类是卵生的以外，其他哺乳动物全是胎生的。

触角：昆虫、软体动物或甲壳类动物的感觉器官之一，生在头上，一般呈丝状。

地洞：在地面下挖成的洞。有的动物生活在地洞里。

孵化：卵生动物的胚胎在卵膜内发育到一定阶段时，冲破卵膜或卵壳外出的过程。

群居动物：聚集在同一区域或环境内的动物群体。

梳理毛发：有些动物会用爪子为自己或群体里的其他动物整理毛发。

藻类植物：植物的一大类，绝大多数是水生的，极少数可以生活在陆地的阴湿地方。

你认识了多少种新的

致谢

The publisher would like to thank the following for their kind permission to reproduce their photographs:
(Key: a-above; b-below/bottom; c-centre; l-left; r-right; t-top)

Alamy Images: Alaska Stock LLC 44cr; Blickwinkel 51t; Steve Bloom 6-7, 60-61; Mike Briner 17b; Rob Crandall 12cl; James Handfield-Jones 4-5; Martin Harvey 54tl; Louise Heusinkveld 42cl; Images of Africa Photobank/David Keith Jones 26-27; Niebrugge Images 53bl; Ron Niebrugge 45; Martin Smart 20-21; Jay Sturdevant 5bl; Chris Wallace 44l; **Ardea:** Thomas Dressler 57t; Tom & Pat Leeson 21t; Tom Watson 9b; **Corbis:** Walter Bieri/EPA 38-39; Daniel J. Cox 29b; Tim Davis 46-47t; DLILLC 11t, 19tr; Frank Lukasseck 24-25, 25t; Frans Lanting 2-3, 6b, 7t, 32l, 32-33; Renee Lynn 36cl; Roy Morsch 16-17; Robert Pickett 52-53; Jenny E. Ross 1; Kevin Schafer 7br; Steven Kazlowski/Science Faction 34t; Frank Siteman/Science Faction 41b; Paul Souders 56-57; Karen Su 61b; Winifred Wisiewski 10-11; **FLPA:** Fred Bavendam 55t; Tui De Roy 39br; Frans Lanting 61t; Cyril Ruoso/Minden Pictures 5r; FLIP Nicklin/Minden PIctures 15; Gerry Ellis / Minden Pictures 31t; Michael Quinton/Minden Pictures 21b; Michio Hoshino/Minden Pictures 34b; Minden Pictures/Vincent Grafhorst 57b; Chris Newbert / Minden Pictures 55cr; Chris Newbert/Minden Pictures 54-54; ZSSD/Minden Pictures 42bl; **Getty Images:** Karine Aigner 23b; K & K Ammann 48-49; Daryl Balfour 59t; Tom Brakefield 36b; Flickr/Ineke Kamps 47b; Jeff

动物呢？

Foott 41t, 53t; Gallo Images/Heinrich van den
Berg 22-23; Daisy Gilardini 28-29; Martin
Harvey 10bl; Johnny Johnson 40; JV Images 37;
Thomas Kitchin & Victoria Hurst 63; Peter Lilja
19tl; Peter Lillie 23t, 42-43; C. S. Ling 18-19;
Michael Orton 34-35; PHOTO 24 25cr; Michael
S. Quinton 50cl; Roy Toft 13b; Federico
Veronesi 11b; **naturepl.com:** Mark Carwardine
14; Gertrud & Helmut Denzau 33tr; Anup Shah
8-9, 9t, 31b; **NHPA/Photoshot:** Dave Watts
30-31; **Jari Peltomäki: 50-51; Photolibrary:**
Doug Lindstrand 53br; OSF/Werner Bollmann
12-13; Picture Press 29t; **Reuters: 58-59; Still
Pictures:** Robert Villani 12b

Jacket images: *Front:* **Corbis:** Paul Souders l;
Getty Images: Fotofeeling tr; **NHPA/
Photoshot:** David Chapman br; Andy Rouse cr;
Kevin Schafer crb. *Back:* **Corbis:** Frank
Lukasseck tr; **Getty Images:** Gandee Vasan l.
Spine: **Corbis:** Paul Souders t; Getty Images:
Fotofeeling ca; **NHPA/Photoshot:** David
Chapman b; Andy Rouse c; Kevin Schafer cb

All other images © Dorling Kindersley

感谢温迪·霍罗宾、黛博拉·洛克和亚历山大·考克斯。